Portefeuille Industriel

DU

CONSERVATOIRE DES ARTS ET MÉTIERS,

OU

ATLAS ET DESCRIPTION

DES MACHINES, APPAREILS, INSTRUMENS ET OUTILS EMPLOYÉS EN AGRICULTURE ET DANS LES DIFFÉRENS GENRES D'INDUSTRIE

publié

[illegible] tous les documens que peuvent fournir les Collections, les Archives et le Portefeuille du Conservatoire royal des Arts et Métiers,

PAR MM.

POUILLET, *Professeur Administrateur du Conservatoire,*

LE BLANC, *Professeur Conservateur des Collections.*

TOME II. — 4me LIVRAISON.

Le prix de l'abonnement est de 2[illegible] fr. par an pour Paris, et de 28 fr. pour les départemens. Il paraît une livraison de 4 planches par mois. [illegible] On s'abonne au Conservatoire des Arts et Métiers, rue Saint-Martin, et chez les principaux libraires.

Imprimerie de BACHELIER, rue du Jardinet, [illegible]

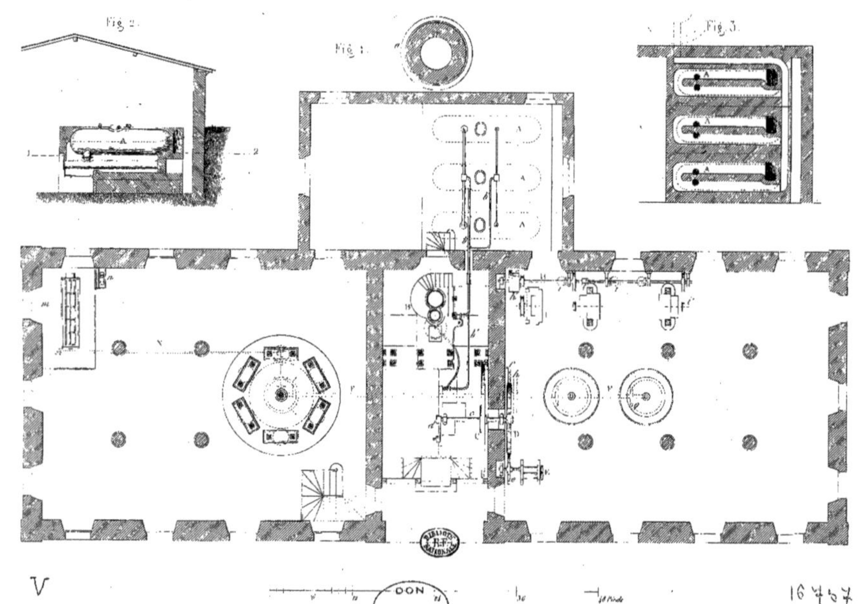

Dessiné et gravé par Le Blanc.

MOULIN À BLÉ.

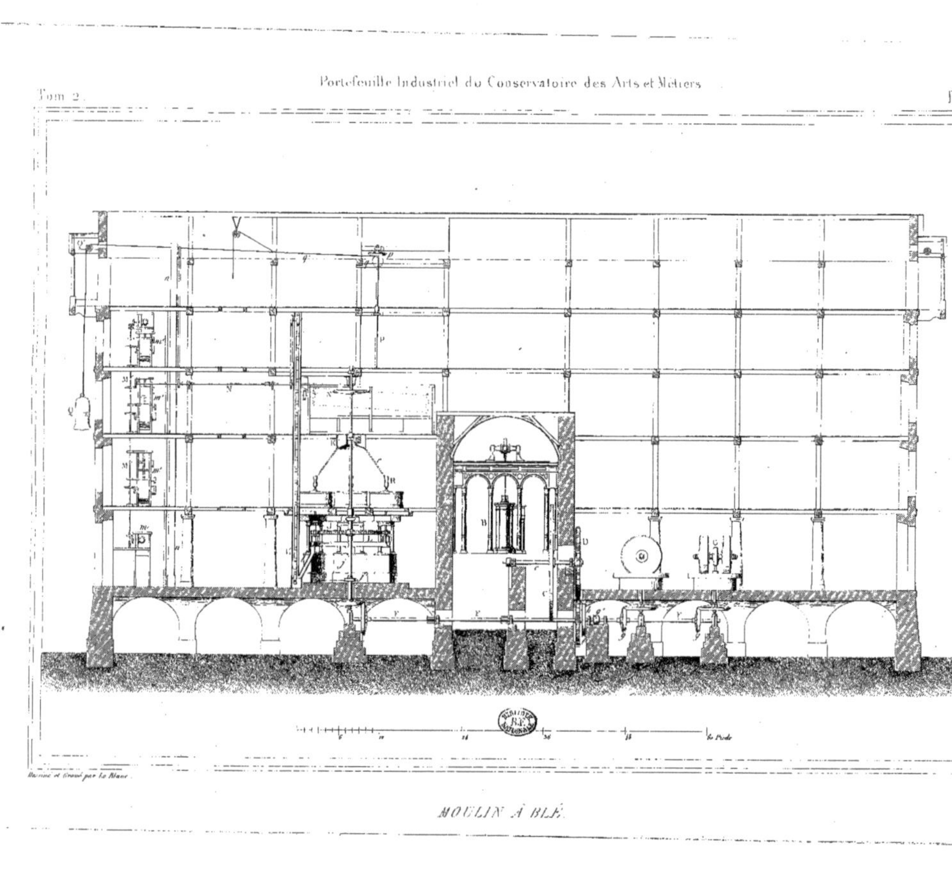

Dessiné et Gravé par Le Blanc.

MOULIN À BLÉ.

Fig. 1.

Fig. 2.

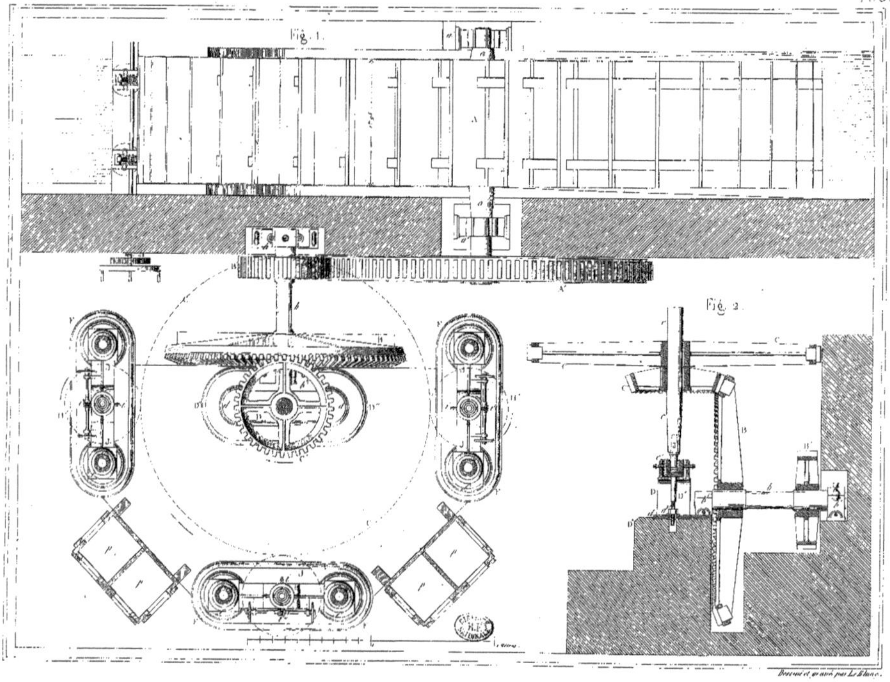

Dessiné et gravé par Le Blanc.

MOULIN À BLÉ.

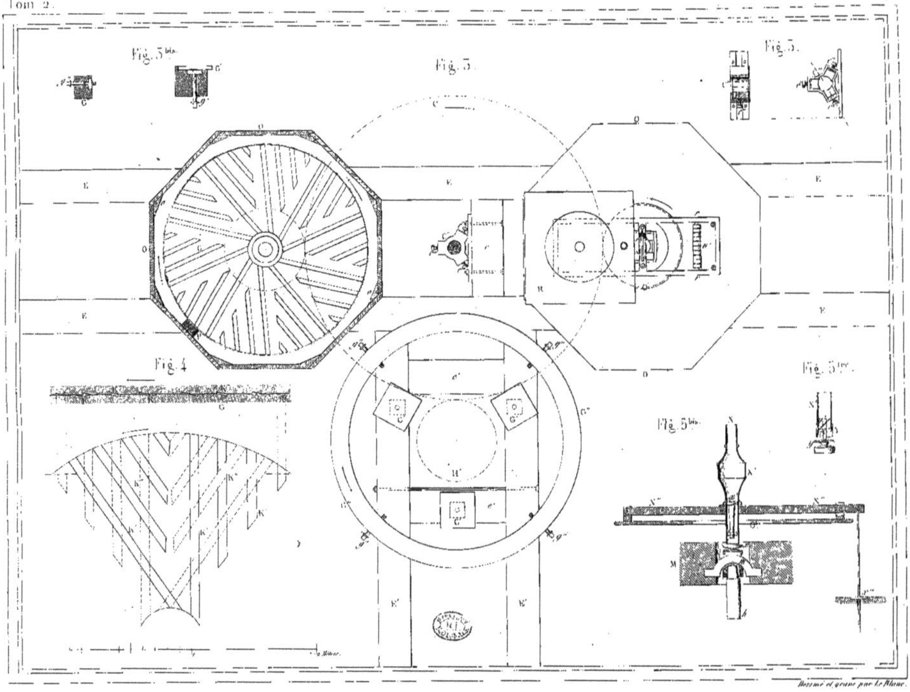

Fig. 3bis. Fig. 3. Fig. 5. Fig. 4 Fig. 5bis. Fig. 5ter.

Dessiné et gravé par Le Blanc.

MOULIN À BLÉ.

Fig. 6.

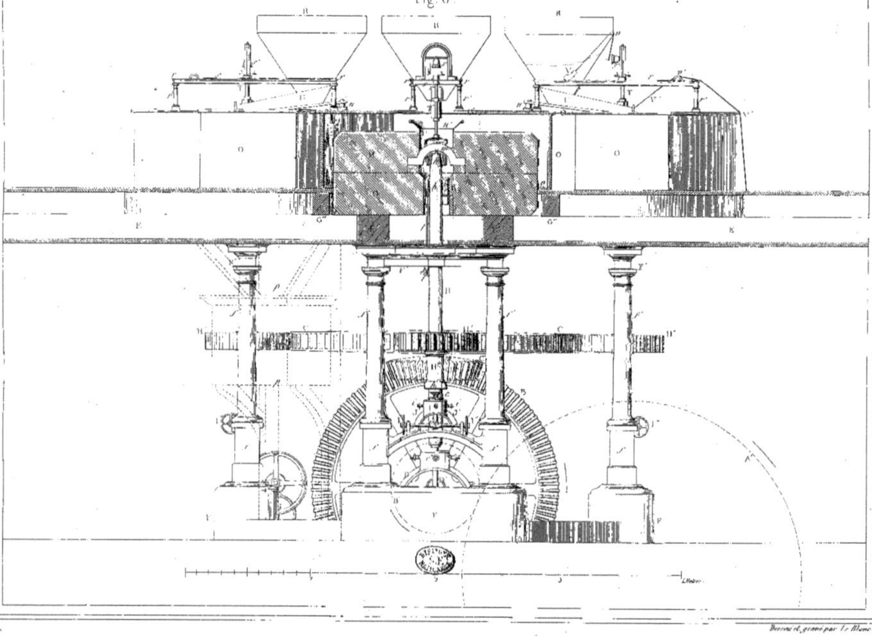

Dessiné et gravé par Le Blanc.

MOULIN À BLÉ.

Fig. 7.
Fig. 8.
Fig. 9.
Fig. 10.
Fig. 11.
Fig. 12.
Fig. 13.
Fig. 14.
Fig. 15.
Fig. 16.
Fig. 17.
Fig. 18.
Fig. 19.
Fig. 20.
Fig. 21.
Fig. 22.
Fig. 23.
Fig. 24.
Fig. 25.
Fig. 26.

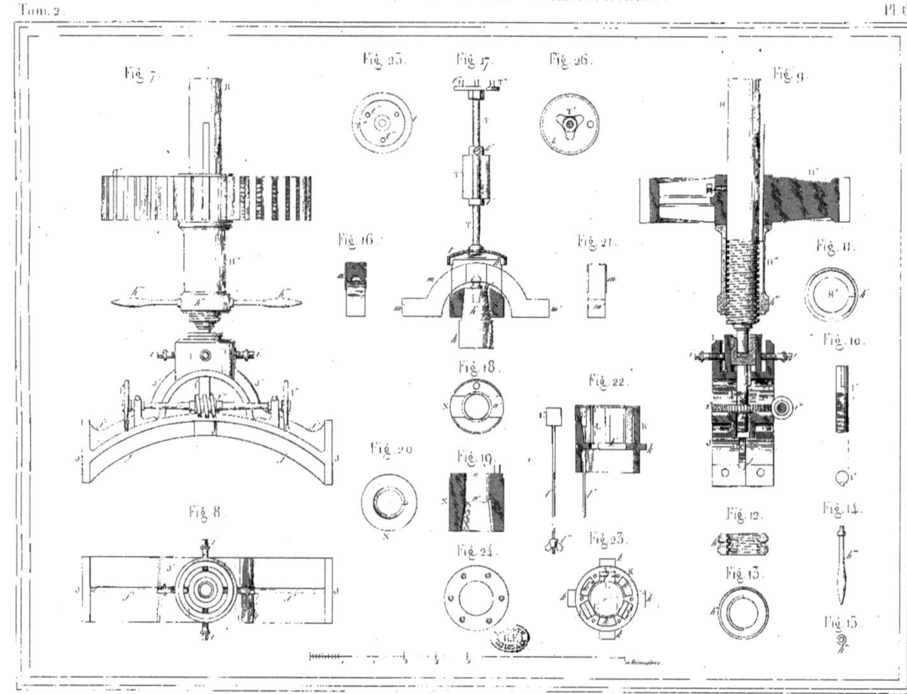

MOULIN À BLÉ.

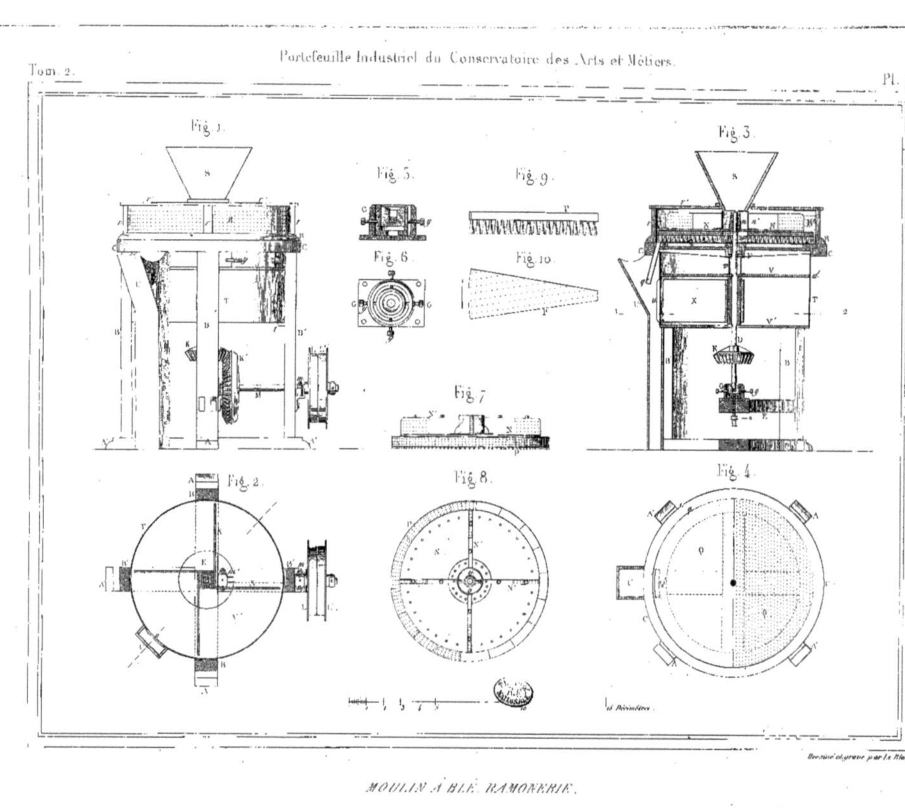

MOULIN À BLÉ RAMONERIE.

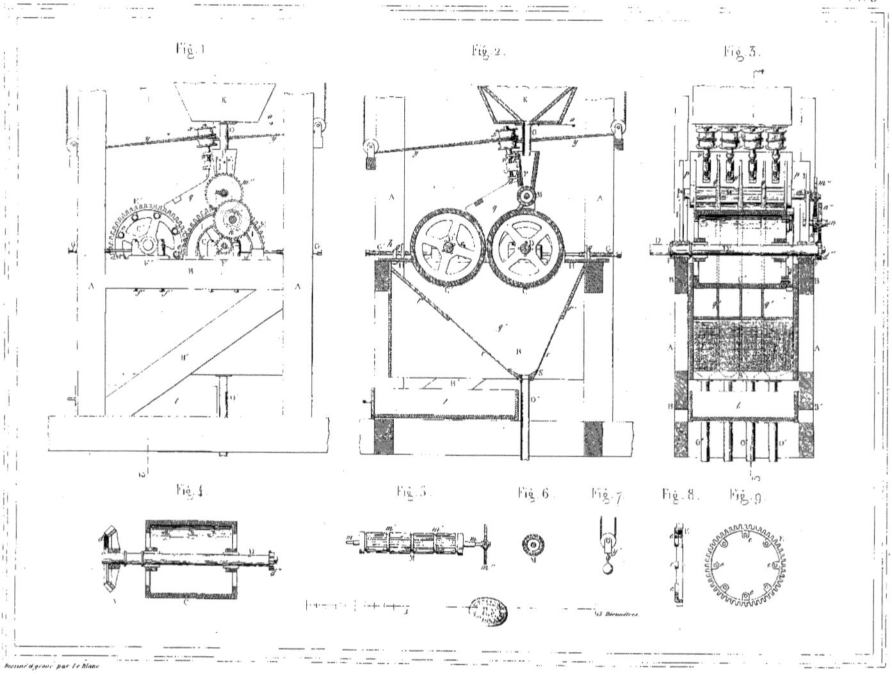

Fig. 1. Fig. 2. Fig. 3.

Fig. 4. Fig. 5. Fig. 6. Fig. 7. Fig. 8. Fig. 9.

Dessiné et gravé par Le Blanc

MOULIN À BLÉ, COMPRIMEUR.

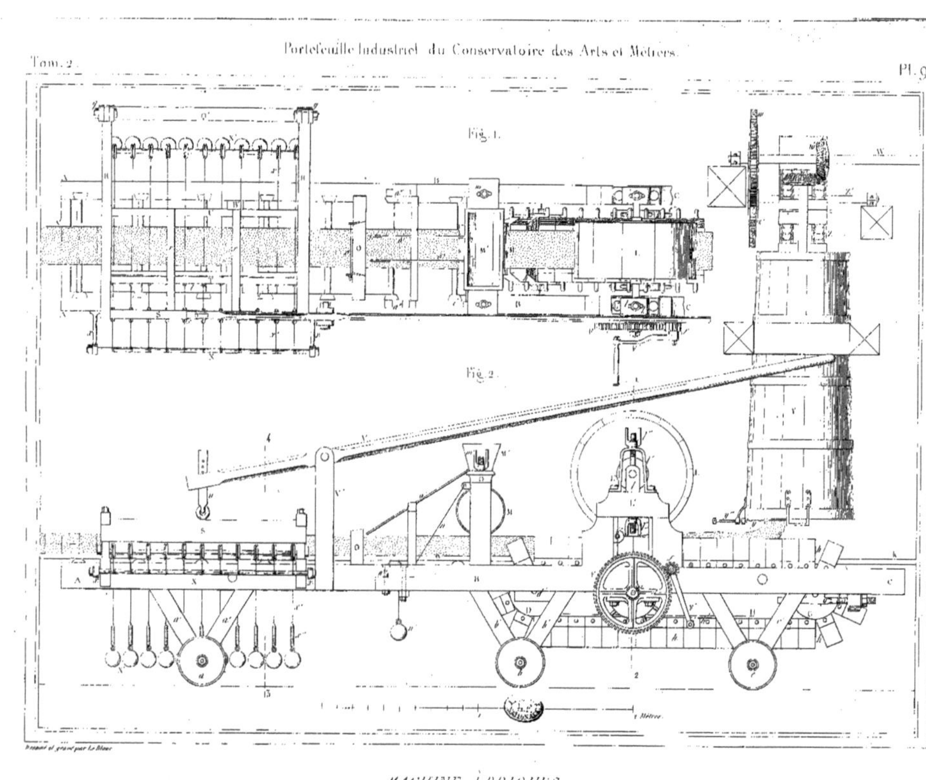

MACHINE À BRIQUES

DE M. TERRASSON FOUGÈRES

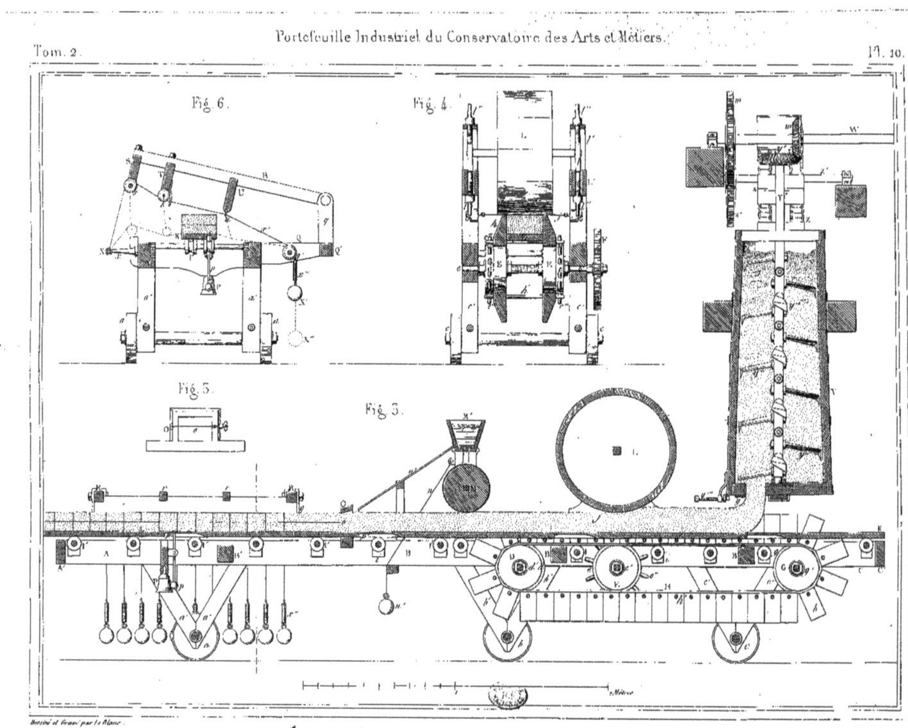

Dessiné et Gravé par Le Blanc.

MACHINE À BRIQUES

DE M. TERRASSON FOUGÈRES.

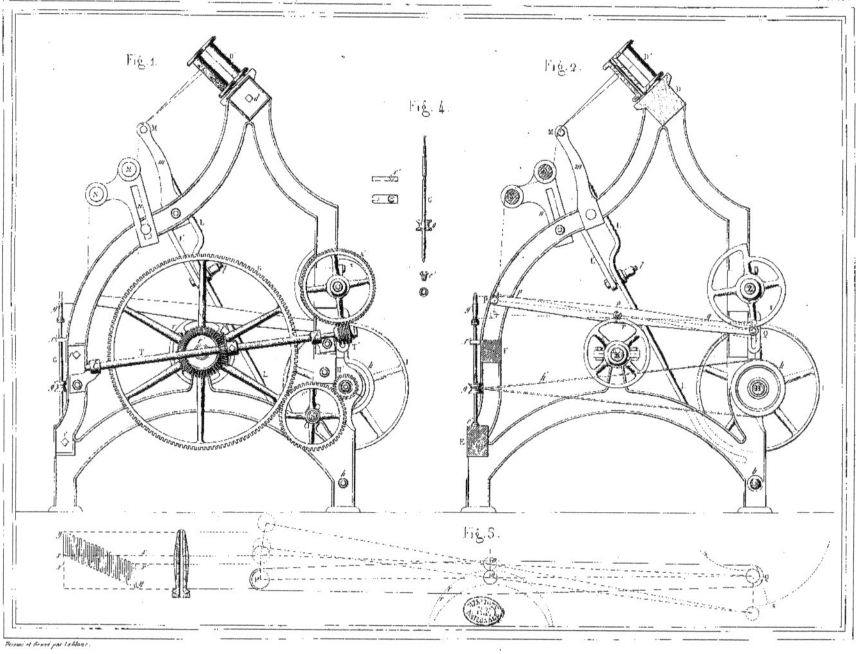

Fig. 1.

Fig. 2.

Fig. 4.

Fig. 5.

Dessiné et Gravé par Leblanc.

MACHINE A CANETTES.

PAR Mr DE BERGUE.

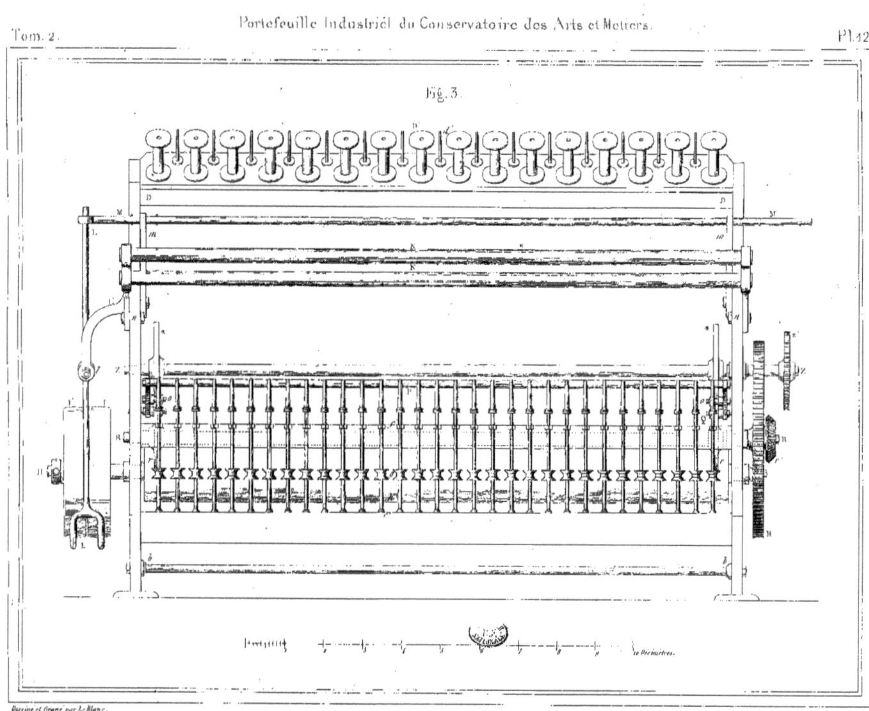

Dessiné et Gravé par Le Blanc.

MACHINE A CANETTES.

PAR Mr. DE BERGUE.

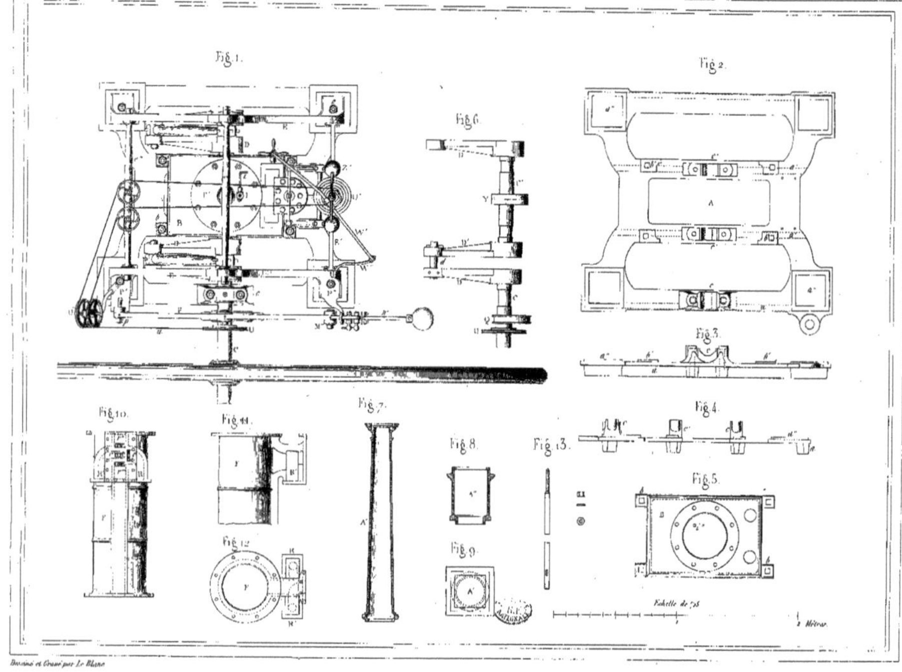

Dessiné et Gravé par Le Blanc

MACHINE A VAPEUR.

CONSTRUITE, PAR Mr SAULNIER AINÉ.

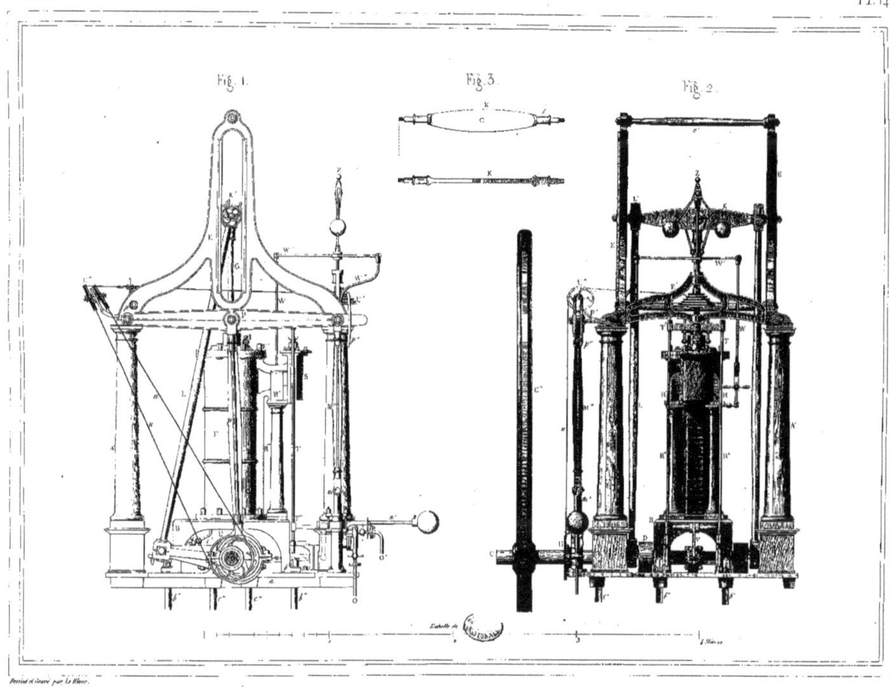

Dessiné et Gravé par Le Blanc.

MACHINE À VAPEUR.

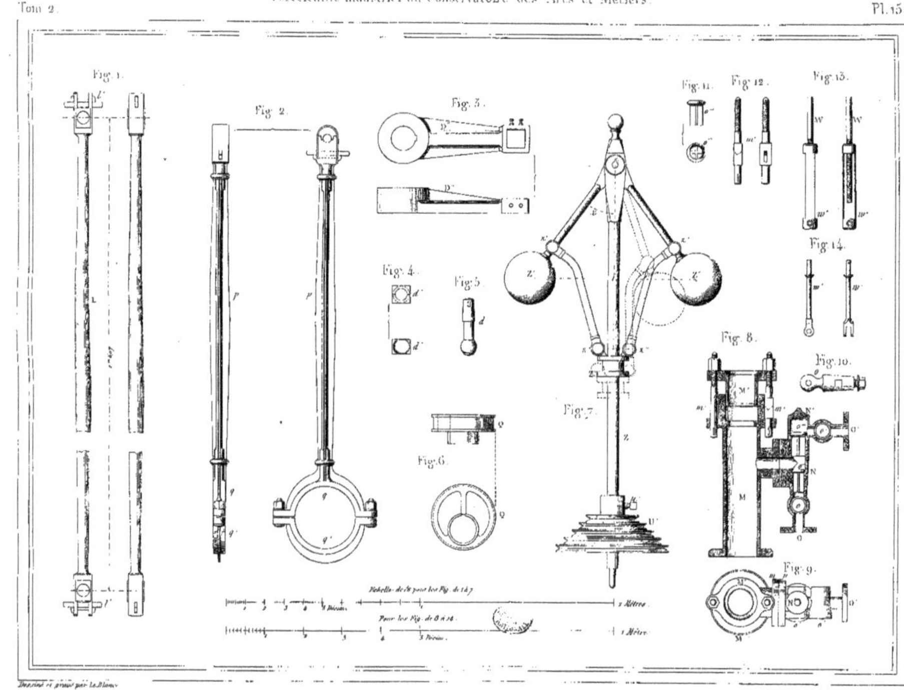

MACHINE À VAPEUR,

CONSTRUITE PAR M. SAULNIER AINÉ.

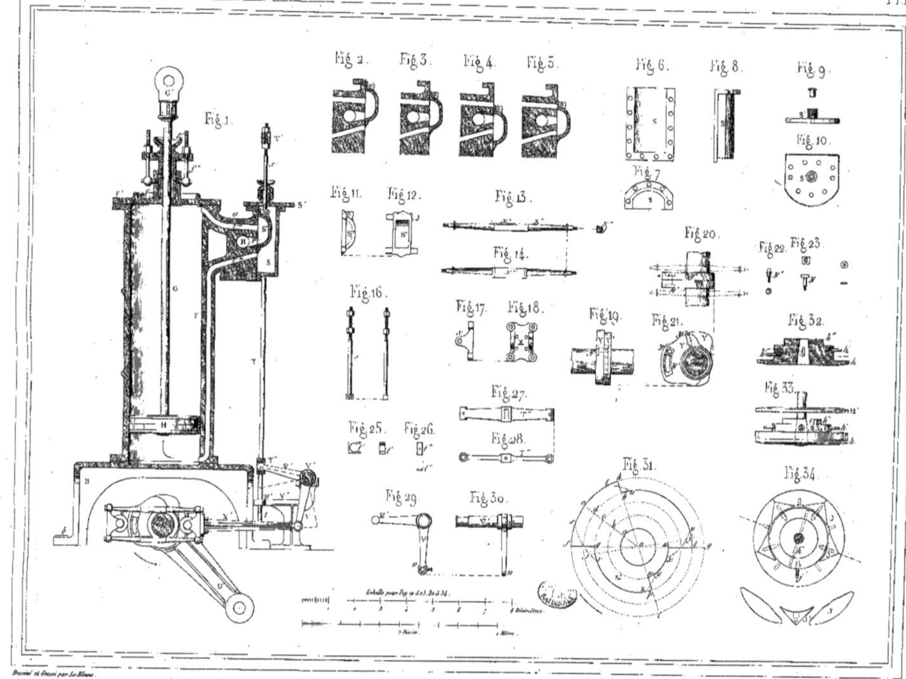

Dessiné et Gravé par Le Blanc.

MACHINE A VAPEUR.

CONSTRUITE PAR Mr. SAULNIER, AÎNÉ.

www.ingramcontent.com/pod-product-compliance
Ingram Content Group UK Ltd.
Pitfield, Milton Keynes, MK11 3LW, UK
UKHW020219180726
13838UKWH00005B/2096

9 782329 17082